森音

森音MOOK / SENYIN

陈瑶 / 主编

文化藝術出版社
Culture and Art Publishing House

图书在版编目（CIP）数据

森音 / 陈瑶主编. -- 北京 : 文化艺术出版社,
2014.7
ISBN 978-7-5039-5819-9
Ⅰ.①森 Ⅱ.①陈 Ⅲ.①服装设计 Ⅳ.
①TS941.2
中国版本图书馆 CIP 数据核字（2014）第 156346 号

森音
主　　编　陈 瑶
责任编辑　陶 玮　田守强
装帧设计　李红强
出版发行　文化艺术出版社
地　　址　北京市东城区东四八条 52 号 100700
网　　址　www.whyscbs.com
电子信箱　whysbooks@263.net
电　　话　（010）84057666（总编室）84057667（办公室）
　　　　　（010）84057691—84057699（发行部）
传　　真　（010）84057660（总编室）84057670（办公室）
　　　　　（010）84057690（发行部）
经　　销　新华书店
印　　刷　北京金彩印刷有限公司
版　　次　2014 年 8 月第 1 版
　　　　　2014 年 8 月第 1 次印刷
开　　本　787 毫米 ×1092 毫米　1/16
印　　张　9
字　　数　50 千字
书　　号　ISBN 978-7-5039-5819-9
定　　价　32.00 元

目 录

其实森文化是一种简单、自然、纯朴的文化，它更像是对远离自然的都市人的一种救赎，是使人从中得到平静和安慰的信仰，是以自然之美，清洗人们心灵的浮躁与烦忧的清泉。因为以自然之美引人向善，远比通过道德或法律约束人们的品行要容易和深刻得多。

于是，我们想发出自己的『森音』，它如同来自森林深处的一声纯净而又直指心灵的问候，这也是我们想要传递的态度。『森音』的『森』指的不是简单的森林，而是指自然界中的一切事物。『森音』主张慢生活，在与事物的互动中得到快乐，让人们重拾尊重与心存美好。『森音』主张自然态之美，所以出现在森音中的女孩均不施脂粉，天然素颜。

『森音』要做的是去看大美、去看微小的事物，从一花一叶中去看造物之神奇，看美到不忍践踏的自然。记录『森』的痕迹，让『森』从细小的希望成为浪潮，变成时尚，进而去改变一个人的观念甚至整个社会的意识形态。也许路且长，但我们简单地认为，能做点什么就做点什么吧，至少发出了声音，并坚定前行。

首刊过程颇有周折，遇到了各种人与事、丑与美，这一切也如特意来度化我一般，让我明白了一切浮躁烦恼都是多余，万事终归为真善美的法则，这也是自然最大的智慧与法则。

陈瑶

聆听森之音

当决定要做《森音》这件事的时候，我开始寻找在城市和非城市中的森文化痕迹。虽然现状并不乐观，但这正是我们要做《森音》这件事的意义所在。相对于几十年前的生活水平，今天的人们不缺乏物质，却更加地不幸福。广告和影视作品不断地引导人们趋向推崇一种物质至上的价值观，高消费，开好车，用名牌。不断提高的物欲沟壑总是难以填满而心生烦恼，内心杂乱，充满怨恨、嫉妒和烦恼，最后沦为金钱的奴隶。而《森音》要做的就是不断地将森文化根植在人们的心里，不断展示给人们真正的美好和幸福其实就在我们身边，通过对自然态事物的审美，引发人们对大自然的敬畏与感动，进而得到参悟及解脱，让幸福变得简单。

世界上的事物一切有为法，既非凭空而有，也非单独存在，自然与人的关系更是如此。新中国经历了那个特殊的时期，对森林的无度破坏是空前的，而近三十几年改革开放经济大力发展的同时，人们的价值观更转为极度功利，『杀鸡取卵』地消耗着大自然的赠与，打破了人与自然应有的平衡。与现代人相比，似乎古人更懂得与森林对话，有着与其相依相生的智慧。在夏朝，『逸周书·大聚』中记载:『春三月，山林不登斧斤，以成草木之长』。周代重视护林，《周礼·山虞》中对采伐林木做出严格规定:『仲冬斩阳木，仲夏斩阴木』。『礼记』中有:『木不中伐，不鬻于市』的记载。『通鉴辑览』中记载:周文王讨伐崇国，下令行军作战中『无伐木……违者不赦』。

西双版纳热带雨林（绞杀王）2014年5月 摄影：李红强

雨林深处的森之林 摄影：李红强

文/蔡蛋挞 摄影/李红强

蚂蚁的预知

苔藓的『溺爱』

文／蔡蛋挞　摄影／李红强

文/蔡蛋挞 摄影/李红强

森之祭

“祭了考古树，阿依永安康。月是阿依魂，树是阿依祖，祖祖辈辈祭，永世不要忘……” 在大山深处生活的人们，对自然有着虔诚的信仰。人们依附自然的心理从远古时期漫溢至今。“万物有灵”的崇拜便顺遂着岁月的洪流，演化成色彩斑斓的人生礼俗与岁时节庆。人们深深相信，他们受到了自然神灵的庇佑，而那神灵便是滋育他们命运的泥土与森林。

从原始时期开始，人们一直膜拜着古木的生命力与繁殖力。古人认为，树木秋天落叶，冬季静眠，春季复苏，树根延伸地狱，树冠挺上天空，把天地和冥界连接起来，像超越自然界的神灵化身。于是，他们将树木的灵秀之气置放在四季的生活中，甚至将树木幻化到梦境的解译中。《敦煌解梦书·山林草木章》记载道，如梦见树木者，有大吉；梦见树木生者，有大吉。因此，在我国少数民族地区，“祭树”已成为千百年来不可动摇的民俗传统。在云南的瑶寨，几乎每个村寨的周围都存有百年以上的苍古大树。天地润养之间，这些树木生长得圆发通直，枝叶繁茂。历代的先民们便称它（们）为“神树”或“龙树”。而其生长之地谓之为“社神”。在“神树”之下，有的盖有精小的庙宇，有的安放三块光滑的石头，有的则只放着一只香炉。人们将美好的夙愿寄托在树木漫长的年轮中，也氤氲着他们对生活殷实的期待：古树的繁盛，喻示着更弥久丰实的生活。

而居住在那片村寨的人们，便在每年的冬末春初或春夏之交，来选择一个吉日祭拜“寨神树”。而这些古老的仪式大都是由寨老主持集资，由各户凑钱，购买酒、菜及牲口，于神树下清扫林地，敬神献肉，叩头礼拜。村民们还会跟着寨老口念祷词：“树神啊！你头顶天，脚踩土地，请保佑本寨人人平安、风调雨顺……”

不仅如此，“神树”栖息的树林也被远古的祖先们侍奉为“风水林”或“神

树林”。即使在缺乏柴烧的情况下，村民们也丝毫不会断砍树林中的一枝一桠。方圆数百米的一草一木不能乱动，家家户户都不敢把猪、鸡、牛、马放入“风水林”中。他们深信，得罪“神树”，就会遭到不幸。而族人们会把“神树”年龄的长短，枝叶的兴茂，都铺陈在村寨的命理兴衰之中。树龄长，人则长寿；枝叶旺，人则财丁兴旺。这种尊崇的思想，使得村前寨后一片苍郁。风景怡人之余，树木延续着它的古老与神秘，成为人们敬重森林可贵的真知。

在者桑百恩村芭河寨前的一棵水松，树龄长达 500 多年，树高 30 多米，胸径 1.86 米，冠幅 11.4 米，由于当地人把它作为“神树”守护，至今仍干形粗壮，枝叶旺发，它优美古雅的树姿成为了云南水松之最。而生长在归朝莫弄村的一棵 250 多岁的扁桃树，树高 23 米，胸径 1.87 米，冠幅 483 平方米，单株产量上千斤，已然成为人们公允的珍贵遗产。

今天，人们继续沉醉在对自然的神往与寄托之中。人们发现，从赤道到北极圈，从海平面到海拔 4000 米高的山地，处处皆是森林的葱郁之意。而生活在森林深处的人们，早已把自己的灵魂、品格和意志都托付给了身边的一草一木。他们世代依恋在古老的丛林中，关注着森林与树木的生长、颜色及姿态。他们始终相信，人是从自然界中走出来的，而森林就是人类最早的家园。

马力在他爬满牵牛花的后花园

『大地山』上的版画家

回到北京一段日子了，可『彩云之南』的记忆常盘旋于脑海之中。五月的澜沧，40度的高温，我们奔驰在山中的公路上，小住景迈，又赶往普洱。浓丽的人文与风景，和那太阳照在皮肤上的灼热，以及明晃晃的树叶，常在眼前打转。而印象最深的，还是马力的版画作品。刻刀肯定的触痕，单纯而丰富的色彩，或朴拙、或壮阔的风物都让这趟云南之行有了最好的解释。

文／郭一瀚　摄影／李红强

南，绝版木刻版画堪称一绝。它发展于 20 世纪 80 年代，在作品过程中，版画家只使用同一块板，不同色域的刻作套印，完成时，只留下最后一次套印色彩时雕刻雕图案，整幅作品因其无法重新而得名，并作为普洱地区独特的符号，被国内外越来越多的人们知。

画家马力，就是居住在普洱地区表人物之一。我们与马力相遇在开满牵牛花的小庭院内。院子不窄长形，略有青苔铺地的青砖上，支着一张圆形的咖啡桌，桌上放着一只坏了的虹吸式玻璃咖啡壶，里面插着一束暗香浮动的栀子花。庭院的四壁布满了用铁锹和榔头改造的甲壳虫，好似安静地倾听着主人与访客的畅谈，还有那庭院角落处缓缓的流声。

马力扎着一款简单的马尾，着一件暗红色棉质的格子衬衣，气色润亮，显得比实际年龄年轻，谈吐谦恭亲切。他说自己从小就喜欢画画，凡是作业本、课本上留白的地方，都被他画上了满满的东西。纵使后来从医的二十年间，也没有丢下画笔间断过，经常利用上班前的空隙，画很多速写。

闲暇时，他时常到云南景迈山等少数民族村落，收集创作素材。有一次，马力和朋友为了探访布朗文化，背着沉沉的画具和相机，经过八个多小时的步行，来到景迈山的翁基村。跋涉了一天的马力和朋友又累又饿，却发现朴实热情的山里人一反常态，脸上流露着明显的躲避和敌视。由于语言不通，又无法交流，他们只能忍受着饥饿。这时，他们远远地看到前面山头上挂着一面五星红旗，那里是一所学校。“当时我想，有学校就好办了，

美丽澜沧之邦崴水库

1 来自东南亚的艺术品和一些古董收藏

2 这张用一整块树干做的桌子时常宾客云集

马力在工作室制作版画

马力平时喜欢照顾他的花草，创作之余会在后花园度过一段与植物相伴的美好时光

旧物收藏与泥塑小和尚

就应该有人懂普通话。”他们拖着疲惫的身子来到学校，透过简陋的木门，找到一位老师。当他们把经历的事情告诉老师时，老师笑得直不起腰：“我早知道你们会过来。当你们进村时，村里的大喇叭就喊了起来：村里来了陌生人，看起来不像什么好人，请各家各户小心看管老人与小孩。”

在那个随身都要携带“介绍信”的年代，深山里的人们未曾接触过外面的世界。这种“闭塞”也恰恰成就了马力等艺术家对版画创作的第一个黄金时代。他们发现，版画艺术独特的刀刻法和强烈的色彩，非常适合表现云南地区浓厚的风土人情。于是，生活在普洱的艺术家们怀揣着创作的激情，有系统并有方向性地开创了绝版木刻版画的创作，而马力凭借作品《大地山》、《大山情》荣获了第十五届、第十六届全国版画展银奖的殊荣。

在马力看来，景迈山的深度写生，对他的创作影响十分之大。以前，他的作品大多是客观展示具象的少数民族服饰和民族风情。景迈山回来后，他的创作灵感获得了更高的提升，闭眼睛，心里便会激荡着景迈山的神和宁静。

马力的画作中，阳光、空气、人物现出来的肌理，准确地展示着远山处人们的精神之美。马力说：“看大山，让我产生了想去表现的冲动。也正因如此，他刻刀下的大地山，一直充满着情感与力量。

铁质工具改造的昆虫爬满后院的墙壁

森杂货：与花家的“多肉”店

文／纸月　摄影／李红强

在门口迎客的白龙骨仙人掌

● 在北京钱粮胡同里，有一家多肉植物店，暗蓝色的木格子门上镶嵌着玻璃窗，窗上贴着一张手绘海报，上面画着一位小姑娘，正托着一盆仙人掌。

画中的女孩正是这家小店的店主与花。推门而入时，她正安静地坐在角落里，摆弄着手里的植物。环视小店，“三层楼”的货架上，摆着各式各样的多肉盆栽，每一层都精心布置了射灯。明亮的光源掩映着小家伙们笔挺的身子板，它们仿似沐浴在阳光中。与花说，我喜欢种多肉，是因为它们的性格和我很像。只要多晒晒太阳就行，也不用怎样打理。

开店前，与花的身份是一名设计师。她专门设计一些楼盘的商业广告和网站。相比于枯燥又重复的工作，与花的内心更向往泥土与植物的气味。两年前，她毅然辞职，与朋友开设了这家多肉植物店。与花说，她本人很享受种植多肉的过程，还特意建造了一个家庭式的种植大棚。每天都在大棚里工作，下午两点才来店里开门营业。

在开店的过程中，她偶尔会遇到一些有趣的客人。“像客人的宠物去世了，他们会带着宠物的骨灰过来，要求我把骨灰埋在盆栽里，来缅怀他们的小猫、小狗；有的客人喜欢一部电影，就会要求我们看完这部电影，给他们设计盆栽；还有一个女孩，和男朋友吵架后，来店里订做了一盆‘招桃花’的盆栽。没过几天，男朋友又来到店

客人现场搭配 diy 的多肉组合

做了一盆‘驱桃花’的盆栽，送了这位姑娘。”

是这开店遇到的插曲丰富着与花的店生活，她开始制作一些主题性盆，并提供“私人定制”服务。“就套餐里的食物，并不是所有的菜我喜欢吃。我想让客人自己设计选择，不会有哪部分是他们不喜欢的。”以，店里的木柜子上，凌乱地罗列千奇百怪的花盆和十多种彩色石粒。客人进店时，可以将植物与花盆自由组合搭配。“我们给有些植物设定了不同的主题。将多种植物按一定的配比种在一起，在器皿里放上一些小巧可爱的微型道具，比如‘白雪公主的毒蘑菇’，就是把植物种在一个苹果形的玻璃器皿里，在土壤中插上几只红色的小蘑菇，让它们变得更加生动有趣。”

时间久了，店里的东西越来越拥挤。遇到现场制作时，地上还会铺着很多尘土。可与花觉得这种随性的环境待起来倒是舒服。“我的朋友曾说过，你的店有一种在废墟中找到喜欢东西的欣喜感，还鼓励我继续保持呢。”与花一边给小家伙们安置新家，一边笑着说，虽然小店的收入不够稳定，但现下的生活是自由的。就像那句歌词唱的：“穷的只剩下快乐，身上穿着旧衣裳。”

招桃花主题多肉盆栽

店内供客人自由组合的肉肉们

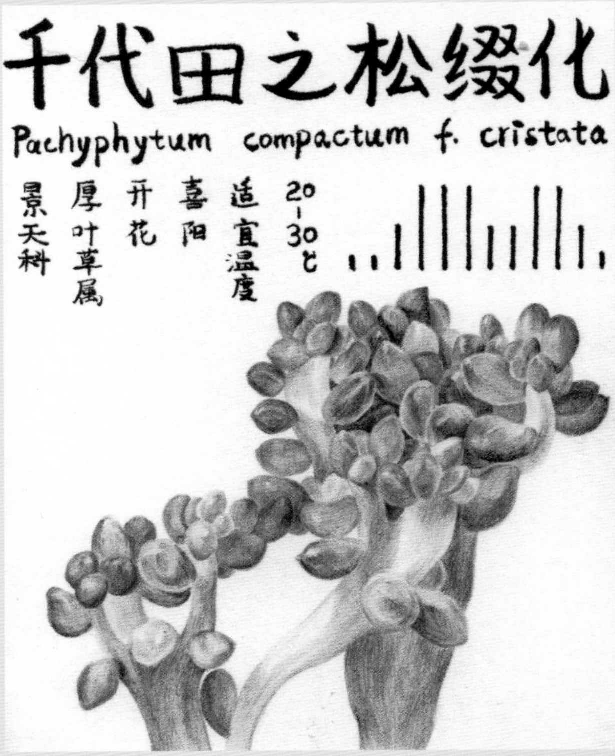
千代田之松缀化
Pachyphytum compactum f. cristata
景天科
厚叶草属
开花
喜阳
适宜温度
20-30℃

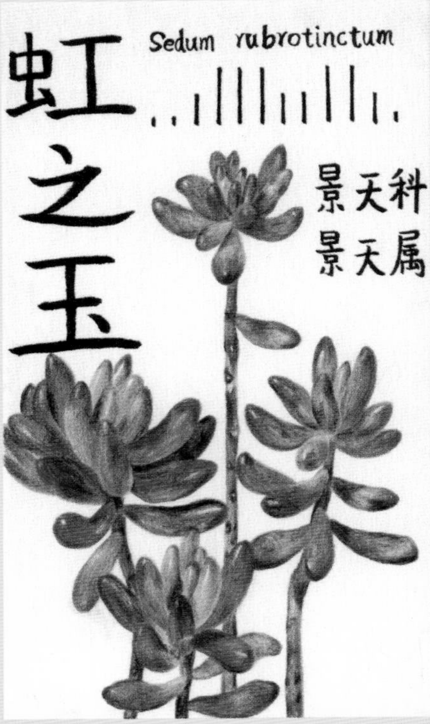
虹之玉
Sedum rubrotinctum
景天科
景天属

景天科 伽蓝菜属 夏型
开花 适宜温度 7-25℃
喜光照 可直晒
千兔耳
Kalanchoe millotii

八千代
景天科
景天属
Sedum corynephyllum
适宜温度
15-25℃
开花
喜阳

店主手绘多肉植物图谱

店主绘画科班出身，自己手绘的多肉生动可爱。还专为老顾客开设了小课程，教大家怎样用彩铅绘制多肉植物。

多肉植物首次使用说明

你可以
Yes you can

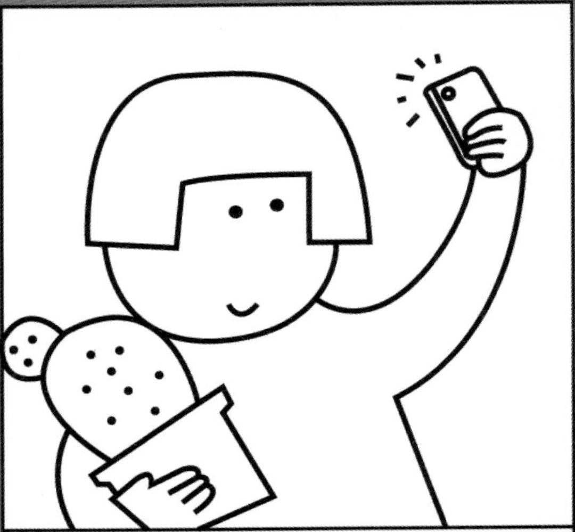

开心地与肉肉合影，发微博，或发朋友圈，
新浪微博@钱粮胡同58号植物店

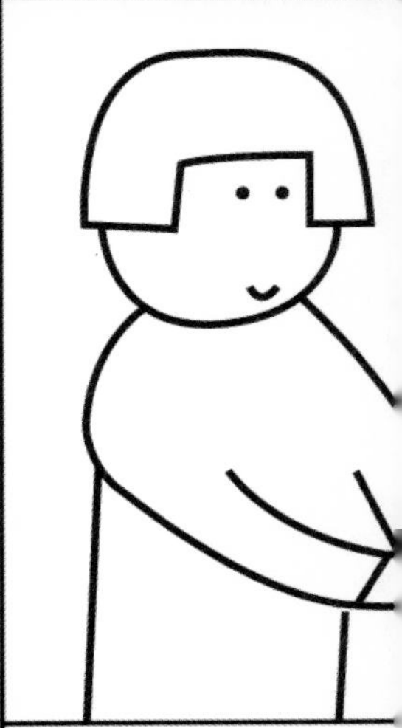

把长大了的肉
然后

你必须
You must

每日要保证肉肉有至少两小时的日晒，
普通的灯光无法保证肉肉的健康哦。

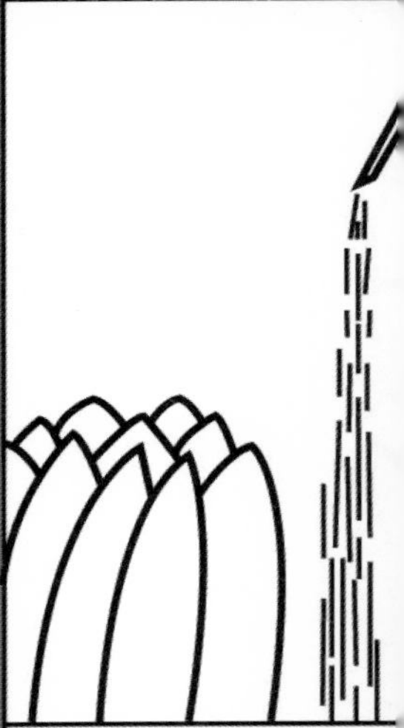

每十天左右用挤水
注意不要浇

你不能
You can't

不要给肉肉的表面频繁补水。
尤其是不要在阳光下喷水。

也不要抠破、

用闲置的化妆刷或小毛笔，
轻松除去肉肉上的土和灰尘
把肉肉与淘气的小盆友隔离饲养。
次水。
1/4
没有底孔的盆器，
浇水量控制在盆器的1/4。
冬季的温度要控制在5摄氏度以上。
夏季超过30度，要注意遮阳通风。
不要用烟火熏烫，或用暖气烤植物。
还要把持住自己，多肉大多数不能食用~

买多肉
陪聊收费标准
5元/分钟，聆听
8元/分钟，互动

店里偶尔会调整一下布局，但无论怎么调整，木柜子上总会贴着一张手写pop告示：钱粮胡同五十八号，陪聊收费标准，5元/分钟聆听，8元/分钟互动，聊半小时送10分钟。

一粒米的味道

文／纸月

太阳挂在半空中，风吹着大地。农历六月的田野里一片金黄，稻香四野，灌溉的水利渠道一直通向远方。远处一座座山，波澜起伏，跟天空连在一起。胀满的谷粒们都低着头，静静吸收着阳光和大地的能量，为最后的成熟做准备。再过一周的时间，这片稻谷就要被收割，开始它们生涯的另一段旅行。

而这一天随着节气的变化终于到来了，“唰唰唰”，镰刀一刀刀割下去，稻穗应着节奏声一一倒下，被捆成一把把。它们将会被送上牛车、三轮车或者更大的拖拉机，运到村里的打谷场上，被笨重的石轱辘反复地碾压，再被碾米机剥皮去壳，通过水淹与火烧，最终变成香满四溢的米饭……

此时，一个农夫运送稻把上车时，将一株稻穗遗落在田埂间，与杂草混在一起，不仔细看，很难被发现。几天之后，一个清脆的声音打破了田野的寂静。“咦，这里有一条禾线！”遗落田埂里的稻穗被一个小女孩捡起来，和她手中的稻穗汇合在一起，犹如一把金黄色的火炬。

这个小女孩名叫翠翠，家里有拖拉机，也有耕牛，在村里算是大户人家。通常收割稻子后，翠翠可以不用帮忙了，半自动化的处理帮家里节省了很多力气活。可小女孩执意要动手忙活，她俏皮地把拾来的稻穗跟家里的大批稻谷区分起来。就像城里的小孩给自己的洋娃娃做衣服似的。她希望用自己的力量来打理着她的成果。而这个过程，自然少不了阿妈（奶奶）的指导。

翠翠把拾回来的禾线晒了两天，连接谷粒和禾秆的蒂渐渐变得干枯，她开始用手来搓试着禾线。搓不掉时，干脆一粒一粒摘了起来。在剔除杂质以后，谷粒足足有满满的一小簸箕。她在稻谷场边上找了一个小角落，每天早上把脱了秆子的稻子铺在那里晾晒，晚上又收起来。大人们晒着大片稻谷，翠翠就晒着自己的小片稻谷。阿妈笑着说：“这么少的谷子还不够鸡鸭吃，要不要再给你多一点？”“不要，我只要我自己的谷子，能够做一碗饭就行了。”阿妈被逗得乐出了声。

农历六月中下旬，这个时节的太阳凶猛，庄稼地里也时常经历着暴雨来袭。青壮年到田里收割劳作时，老人们就负责坐在家门口关注着天气。天边飘来一朵乌云，老人就拿着脸盆之类的东西一边敲打，一边大喊：“下雨啦
快来收谷子啦；下雨啦！快来收谷
啦……”全村人沸沸扬扬地拿着铲
扫把，将稻谷堆成金字塔形，盖上
料布。而翠翠就把她的稻谷一股脑
收到簸箕里端回屋去。晒了四五天
阿妈会拿起一粒谷子咬一下。她笑
说：“够脆了，可以去斗米了。”

翠翠拿着稻谷跟阿妈来到祠堂，这
有一副称作“斗”的工具，是翠翠
爷做的。“斗”看起来像个跷跷板
这一头是锤子模样的木桩，地下对
着一个跟锤子相吻合的圆滑凹涡；
一头则做成了脚踏板。阿妈让翠翠
稻子倒进涡里，她用力地踩了一下
又放了一下。翠翠看着起落的锤头
唱起了阿妈教的童谣：“磨叽咕，
叽咕，斗米米，煮饭饭。阿公吃一
阿妈骂……”

稻谷在阿妈的操作下，渐渐发热了
黄色的外壳被一点一点蹭掉。半个
小时后，稻谷已经流露出白白的米
来，这就是糙米了。翠翠拿来了一
很细密的筛子，把米糠和花白的糙
分开。阿妈说，这时的米吃起来还
比较粗糙的，还要再继续斗筛，直
米粒变得雪白光滑。

阿妈一番辛勤的劳作之后，翠翠终可以做饭了。饱满的米粒被拨平在煲底，准备放在自家的三角灶上煮。阿妈说，用稻子禾秆烧的火做来的饭特别香。翠翠就坐在土灶旁稻禾一把又一把的放进灶里，她一直守在灶边。当饭锅里的水沸腾时，她就把铁锅端下来，等开水平息，再端上去，反复几次，直到里面的水不能再顶开锅盖，就可以停止烧火了。阿妈会耐心地告诉翠翠，这是要把水和香气都缩进饭里面。等阿妈把菜上齐了，全家人围坐在饭桌前。翠翠打开锅盖时，一股香气扑鼻而来，煲里平铺着晶莹的米饭，表面还均匀地散布着一个个花朵似的小孔。阿妈夹起一粒米放进翠翠的嘴里，说：“庄稼人应该懂得一粒米的味道。”

五常大米	黑龙江省哈尔滨市的县级市五常市	外观：透明或半透明，色泽青白有光泽。口感：绵软略黏、微甜、略有韧性
平林镇大米	湖北省枣阳市平林镇	质地纯正、洁白晶莹、油润柔软、香甜爽口。营养丰富、蛋白质含量高，还含有多种维生素和微量元素
梅河大米	吉林省梅河口市	米粒晶莹如玉，米饭清香宜人，软硬适口，冷饭不回生
桓仁大米	辽宁省桓仁满族自治县	米质洁白如玉，做饭清香可口，早在清朝时，桓仁大米就被列入皇室贡品
南陵大米	安徽省南陵县	外观品质好，光泽度佳，胶稠底轻，气味清香
竹溪贡米	湖北省竹溪县	米质白如玉，形状似梭，粒大个长，色泽光亮，晶莹饱满，浆汁如乳，香柔可口，富含人体所需钙、铁、锌、硒等微量元素
东海大米	江苏省东海县	柔软油润、浓香持久，并兼具南北大米之优势
增城丝苗米	广州增城市朱村街北部丹邱村的白水山	丝苗米米粒细长，无腹、心白，透明晶莹。米饭软硬适中，芬香可口
柳林贡米	东北黄海之滨、鸭绿江畔的东港市前阳柳林地区	米粒洁白清亮、晶莹如珠。蒸煮后口感滑润细腻，绵香适口
阜宁大米	江苏省盐城市阜宁县	颗粒丰满，质地坚硬，色泽青白、透明纯净，焖出的饭，汤似鲜乳，米如油注，饭质柔软，香味袭人
响水大米	黑龙江省宁安市渤海镇镜泊湖西北三十公里处，唐代渤海国上京龙泉府遗址附近的响水乡	清洁、晶莹剔透，食用口感香甜，绵软劲道，不回生
嫩江湾大米	吉林省西北部镇赉县，东依嫩江	饭粒晶莹透亮，口感绵软
盘锦大米	辽宁省盘锦市	口感黏韧，回味甘香，米质佳

“冰粉～～～～～～～～～凉虾～～～～～～～～～～～冰粉～～～～～～～～～凉虾～～～～～～～～～”老旧的白色喇叭里传出了年年循环的低嗓男音，在下午的街道上来回飘散，散播望梅止渴般的清凉。

当夏蝉开始在树上昼夜长鸣时，重庆街边就会出现好些传统且极富季节性的小摊，专卖甜水，主推两种——冰粉和凉虾。当看到冰粉凉虾出现街道小巷时，孩子们都会会心一笑——暑假要到了。

重庆的夏天就这样拉开了序幕。

在还不算模糊的老街印象里，盛夏总有着冰粉凉虾的身影。街头黄桷树下，路边小摊，头发花白微微发胖的老阿姨，两眼微闭，坐竹板躺椅，身着夏日花色布衫，手拿大蒲扇，悠悠然地扇风。而前面横一长形木桌，桌上摆放着几个白色塑料圆盒，其上罩个厚玻璃片。朱红的遮阳伞下，透着发白的阳光，隐约中你能看到塑料圆盒内有一大块冰，身旁陪伴着透明果冻质地的膏状体，那就是冰粉了。膏体顶上点缀几颗枸杞，添了颜色也增了愉悦。

夏日大街上空无一人，有生意吗？当然！到了下午三点多，孩子们放学。老阿姨也掐着时间从午觉中清醒过来。不一会儿，结队的小男孩儿就飞跑地来到摊儿旁边，不顾满头大汗，坐下，直呼：“孃孃，要碗冰粉也。”这时候老阿姨呀，总会慈爱地笑笑，好似对待自己的孙子，起身拿起一个塑料碗，舀上满满一勺冰粉，放碗里，再用钢勺子边沿切细冰粉。在孩子们渴望的眼神中，从桌下拿出最重要的点睛之笔——红糖水。老阿姨拧开绿色塑料瓶，倒出红糖，顿时碗里色彩就艳丽了起来。这个时候，再加点儿芝麻和冬瓜糖条，孩子端过来，一口喝掉半碗，嘴里大哈一口气，凉凉的。身上的汗似乎都少了一半。喝完，再休息一会儿，身体凉了下来，呼朋唤友回家去。

偶尔不想吃冰粉，那么就改吃凉虾吧。单看“凉虾”这个名字就很有意思。形象地说出了它的样子。乳白色，如小虾仁一个个，口感软糯有嚼劲，搭配上红糖，冰爽有意思。女孩子更喜欢吃凉虾，端个小碗，坐在桌旁，用小勺子数着碗里有几只小虾，吃到一半时，还可以让婆婆再给加糖水，一坐就是半小时，偶尔一阵风，任夏日再毒，依心旷神怡。

小时候放暑假，我和表妹在家，总会吵着要吃冰粉，妈便买来冰粉籽，洗净包在白纱布中，然后我和妹妹一起

情，传统冰粉是“搓”出来的。搓的时间够，冰粉的质感才会好。头顶上鸿运牌电扇送着凉风，两个小女孩拴在家里，干着一番大事业。约莫一个多小时候，水开浑浊了，就将盆子放在阴凉处。接下来就是等待了。三时说快也慢，我总是会偷偷去看，看水凝固了没有，等成型那一刻的喜悦。三个小时后，冰粉就好了。这时，

妈妈就会让我去叫来一层楼的小朋友，给每个小朋友一个白瓷碗，放上刚做好的冰粉，再配上一大勺红糖、芝麻和瓜条糖。小孩子们一边吃一边聊天，其乐融融的夏日，任窗外是三十八度还是四十度。虽然只是吹着电扇，也依旧凉爽。而最重要的是，在那时候学会了分享。

后来，冰糕雪糕变得琳琅满目。我开始爱上吃雪糕，并抛弃了冰粉。雪糕味醇，满足味觉但无法带来真正的凉爽。而渐渐远离的童年，有人告诉我，冰粉凉虾就路边摊，别买，不卫生呢。于是一晃许久许久没有再吃过冰粉凉虾。

大概几年后了吧，一次暑假，在游泳池游完泳，口渴难耐，泳池旁边却只有一个小摊。于是要上了一碗冰粉，熟悉的味道似乎在昨天，立刻回来。清凉的感觉袭来，嫩滑的冰粉快速降低了口腔的温度，又不停歇一口气地滑入食道，顿时整个胃也凉快了下来。卖冰粉的中年女人朝这泳池那边张望。发现我看她，那阿姨笑，说她看她女儿。不一会儿，她女儿就来了，湿漉漉的头发随意披散着，稚嫩的脸庞洋溢着欢乐，着急地想要把教练教的游泳技巧说给妈妈听。她妈妈看着她笑，转身给她盛了一碗冰粉。她咕噜咕噜地就喝下去了，然后咂咂嘴，母女再相视而笑。坐在一旁的我，很感动，久违的冰粉和童年。

去年夏天，忽然想自己做冰粉吃，于是让妈妈买一点冰粉籽回来。结果妈妈去超市买了冰粉粉，说这个简单还好做，开水一冲，放冰箱。两小时搞定。冻上后，吃着，怎么也不是原来的味道。

总还是怀念街口，黄桷树荫下，稀稀疏疏时光里的小摊子。

想起那样一个夏天。

想是那年夏日味

文／小蜜蜂　手绘／王娇娇

网络森系红人：绵羊妹－琅子

森女：新生活的象征

文／只止

"森女"一词最早出现于日本，指追求简单、自然生活方式，装扮清新的年轻女孩，在日本苍井优是其代表人物。而在内地张辛苑当属"森女"印象第一人，她穿着母亲年轻时的旧裙子拍摄的写真《Mother's Old Dress》曾一度掀起复古风潮。其实广义来说，"森女"族群一直以来都存在着，她们不只是以穿着风格来定性，更不以年龄作界限，只以生活方式和内心诉求为划分。风靡美国和日本的"塔莎奶奶"塔莎·杜朵是"森女"的典型代表，她实践着与自然为邻自给自足的美好生活，用自己的生活诠释了幸福本来就是这样简单和自然的道理。台湾的三毛和齐豫是中国"森女"的代表。三毛热爱生活，迷恋民艺与旧物，衣着随意、赤着脚走在沙漠里那种超脱的生活状态令很多人羡慕。而齐豫低调谦和的气质和那如天籁般的吟唱，以及几十年如一日的波西米亚造型亦是流浪系"森女"的经典形象。

与物质至上的价值观相悖，她们从来就懂得生活的意义在于生活本身。"我来到森林，因为我想悠闲地生活，只面对现实生活的本质，并发掘生活意义之所在。我不想当死亡降临的时候，才发现我从未享受过生活的乐趣。我要充分享受人生，吸吮生活的全部滋养。"这是梭罗在《瓦尔登湖》里的名言，这正是"森女"内心的写照。

在都市里，快速的生活节奏以及对物质的极度消费使得人们愈发空虚而疲惫不堪，人们开始趋向于自然简单的生活，于是，"森女"这一族群便渐渐形成。"森女"的出现，是一种新生活的象征，她代表的是对自然的尊重，并从中得到愉悦和满足。"森女"提倡低碳环保而不盲目消耗，追求简单、直接的处世态度，提倡有机的食品，提倡天然材质，不拒绝并热爱二手物品。"森女"不爱化妆，发型简单绾起，或随意松散；性格温柔、天然而直接。她们青睐于手工制作、旧物收藏、园艺、布艺、旅行及烹饪，也爱流连于咖啡馆、书店、杂货店等令心灵惬意的地方。"森女"的整个生活都展现着细腻而沉静的朴素美学，她们站立在奢侈品的反面，诠释着女性简朴而优雅的生活形象。

森女兴趣爱好

旅行

要么旅行，要么读书，是森女的人生信条。她们带着相机行走世界，拍一些唯美的文艺照片。

花艺

世界上没有不爱花的人，森女尤甚，花不仅让环境更美，也让人心更善。

猫咪

比起其他动物，更喜欢充满灵性的猫咪，心甘情愿做着猫奴。

书&咖啡

一本书，一杯咖啡，是森女最怡然自得的休闲时光。

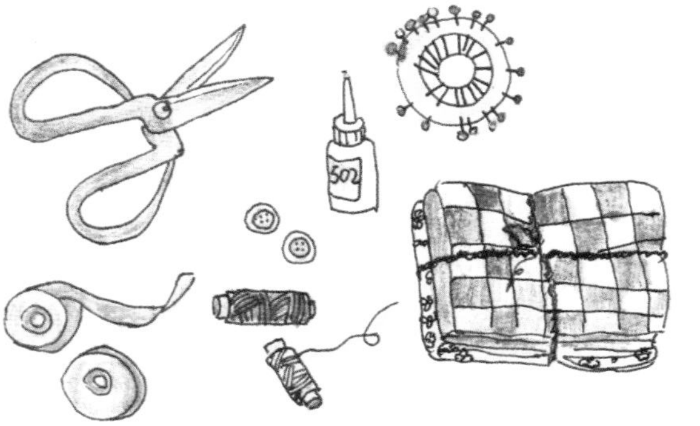

手工布艺

森女喜欢手工的那份纯朴与自然，收集各种漂亮的花布，制作世界上仅此一件的贴身小物。

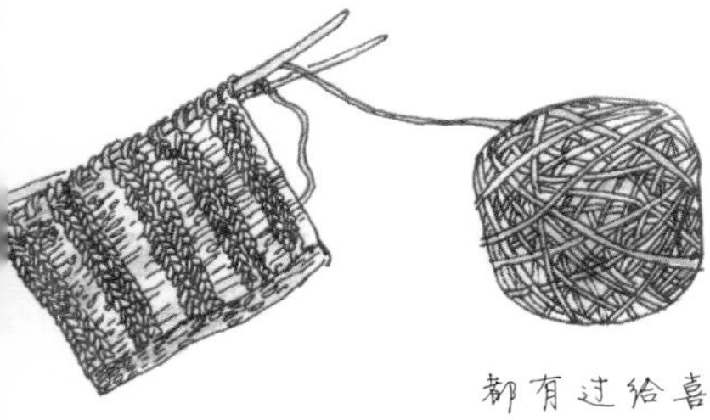

手工针织

都有过给喜欢的人给家人甚至给自己的爱猫织毛衣织围巾的浪漫经历吧，一针一针的表达自己的爱意。

写手绘日记

无论会不会画画，都喜欢随手涂鸦，通过手绘的方式，记录自己的心情。

烹饪

烘焙

花很长的时间去烤饼干或者做一顿美餐，不管过程多繁琐，森女都乐此不疲。

森女着装类型

文 / 只止
手绘 / 许晓嫚

Mori girl style

森女着装典型元素

森女偏爱棉麻质地的服饰。碎花、格子长裙、怀旧风格、毛线针织衣、长围巾、圆头鞋等都是她们的代表单品。这些元素构成了森女着装的多种风格。于是，《森音》定义并归纳了森女的六种穿着类型。

流浪系

如行走世界的艺术家，将波西米亚风、北欧风、中国风等各种民族元素混搭在一起，散发出一种浓郁的流浪气质。服装色彩浓烈，彰显热情奔放、不居一格的情调。搭配没有章法可循，只要是个性的、美的，都可以层层叠叠搭在一起。飘逸的流苏、刺绣或者扎染，拼色长裙、罗马鞋、靴子等都是流浪系出彩的混搭元素和单品。色彩和配饰繁多，像草原上的游牧民族，却散发着浓郁的艺术气息。

色彩：浓郁的民族色彩

元素：民族手工艺

代表单品：披肩、层叠长裙

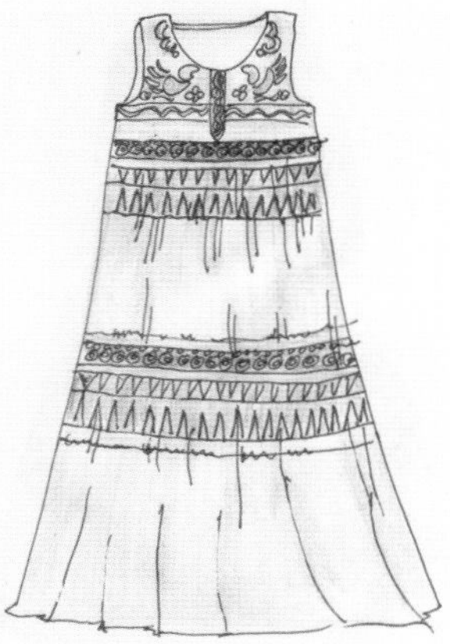

饰品：大的、多的、天然木石金属材质

关键词：层叠、混搭

甜美系

如邻家女孩般清新自然的甜美系，是结合萝莉及巴洛克宫廷风的甜美元素，并且将其进行简化的一种风格，带有手工时代的精致和永远的少女情怀。偏爱干净明亮或温和舒适的色彩。绚丽的花朵图案、可爱的蝴蝶结、泡泡袖、荷叶边、多层褶皱、蕾丝、彼得潘小圆领都是必不可少的甜美元素，搭配圆头皮鞋，从头到脚，散发着青春的气息。

色彩： 白色　　天蓝　　粉色

元素：格子、碎花、蕾丝花边

代表单品：圆领衬衫、背带裤、蓬蓬半裙

饰品：棉布蕾丝、发饰

关键词：甜美

无印系

『无印』是一种崇尚极简和低消耗的生活哲学，奉行『少即是多』的原理。无印系『森女』是都市田园生活的实践者，简单质朴，恬淡安静。舍弃复杂的装饰，采用最基本的款式，色彩取自天然，是森系服装里比较受青睐的类型。

色彩：单绿 米色 咖色 藏青

元素：格子、棉麻

代表单品：宽松连衣裙、衬衫、宽松小脚裤

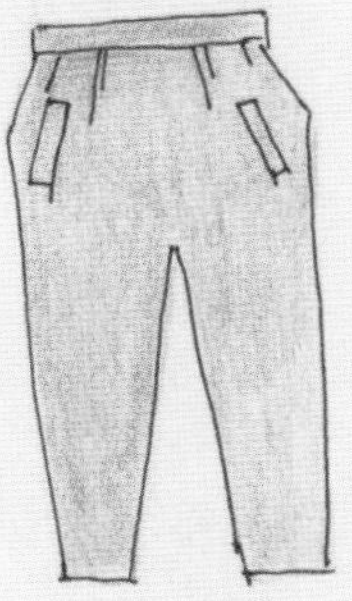

饰品：简单，一个或没有

关键词：极简、宽松

禅森系

如同古时的隐士带着禅意游走在现代都市。古法剪裁和重视面料本身的美感是其最大特点，是禅宗美学及自然观所集中体现的朴素、明澈、和谐与空灵之美，是东方的极简主义，这种着装最大限度地把自由还给身体，并在外在体现出飘逸出尘的感受。

色彩：高级灰　香灰　青灰
白色　亚麻色

元素：古式剪裁、亚麻

代表单品：袍子、宽裤子

饰品：水晶珠链、矿石戒指、木质饰品

关键词：禅意、清淡

复古系

热爱近代服饰文化潮流的女子，以一种永恒的经典装扮，仿佛活在旧时光里。张爱玲说，要想在人群中显得与众不同，就得去找你祖母的衣服来穿。这话一语中的，道出了复古风的真谛。潮流总是循环往复，或者回溯的，这就有了经久不衰的复古风。一枚上世纪20年代的胸针，一条流行于60年代的伞裙，一双80年代盛行的尖头鞋都可以搭配出气质爆棚的怀旧风格。另外，复古风的『森女』很多热衷购买和收藏二手衣，这不仅是对优雅的手工时代的迷恋，更是低碳的生活方式。

色彩： 黑色 ■ 绛红 ■ 暗绿 ■

元素：碎花、格子、复古纹样

代表单品：高腰半裙、衬衫、衬衫连衣裙

饰品：珍珠、金属、发箍

关键词：复古

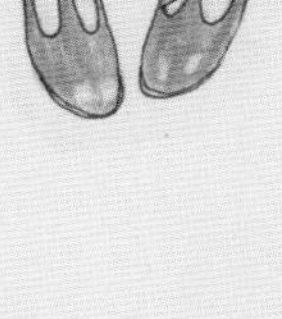

轻森系

是比较常见的穿着，把森元素当作当季流行的一项，与时尚潮流服饰混搭的穿着方法，属于时尚范畴。典型的森元素如棉麻质地的简单小衫、棉质蕾丝元素等。草帽、草编包之类的这些森系元素在整个服装搭配中占比较轻的比重。

森衣橱

张禹希的『女人衣橱』

文／止只
摄影／窦爽

张禹希 21 岁，浙江传媒大学广电专业。对森女的理解：不追随潮流，尊重自我感受，舒适且向往自由，骨子里流露着一种不躁动的叛逆。

有人说，女人的衣橱装着她一半的世界。那里堆砌的不仅仅是欲望，还有情感、故事，以及她认知世界时，钟爱的视角。于是，我们寻找着不同的衣橱，游历在女人深爱的“世界”中，去邂逅衣橱里摆放的每一件“惊喜”。张禹希是我们探访的第一个对象，她是浙江大学三年级的学生，也是典型的森女。平日里，她喜欢看书、听音乐、自己烹饪，以及收集大量衣服。说“收集”是因为大部分衣服都不是用来穿出去的，而是收藏一种对往日时光的情愫。

打开衣橱时，一眼看见了她最爱的手工羊毛裙。这件衣服是在野生动物集市上淘到的二手衣，90 年代日本裙子色彩斑斓，是纯羊毛质地的钩花。她说，她很喜欢收集旧时手工服饰。那时，手工的衣服很人们生活节奏较慢，很多东西做很精致。今天，手工的温暖渐渐有些人已把手工当成了“奢侈”名词。

随后，她盯着一件尼泊尔风格的真丝上衣。这是禹希在北京的某个小店淘到的。当时店主说，这件衣服已经放了两年了，无人问津。可禹希却对它一见钟情。由于悬挂时间太久，拿回家清洗时，洗出了一盆子黑水。她说，这件小上衣是薄薄的真丝乔其纱质地，上面还用羊毛线绣上了小花。材质的反差是她一见钟情的主要原因。

不远处，一件碎花高领的小衫胸前层层叠叠的，就如同翠鸟的羽毛。禹希说，这件衬衫来自法国的某个品牌，当时的价格也有点小贵。由于这件衣服的剪裁、面料和花色都很少见，禹希狠狠心地把它买了回来。虽然很少露面，但每次穿上时，都会收到一些羡慕的眼光。

除了无印系的森女着装，禹希说，她偶尔也会复古打扮出街。她上身会穿着充满手工感的钩花罩衫，外加一件棉布小碎花背心，下身搭配着老式高腰鸢尾花半身裙。这样的打扮也常被她的朋友称作“古代人”。可禹希觉得，这就像是自我挖掘的游戏，是她赋予穿着更特殊的解释。

平日里，禹希依旧喜欢无印系的着装。简单的格子衫、棉布裤，抑或是一件大衬衫裙，都吻合着她干净的气质。禹希认为，穿着，是一种表达符号。个体在向外界表达自我的同时，也接收着这个世界送给她的审美讯号。

森

群像

摄影 / 杨昶

『森音』倡导的美，是自然之美，是反对千人一面的单一审美。它深度探索自我的独特性，也充分尊重他人的独特之处。而森女照相馆，旨在挖掘个体身上最不加掩饰的自然流态。

森女写真

『森女于我，
是一种生活态度，
那是人回归自然和舒适的生活向往。
棉麻的天然舒适质地比较适合森林系，
它看起来干净清新。』

摄影师 王月
中央美术学院
摄影系

Kandi 年龄 22

职业 学生 服装设计（MA在读）

爱好 画画

“天气好的时候，我喜欢闭着眼睛感受光影的斑斓，像动感的音律在跳跃，奏响动听的光影之歌。细嗅花香，空气里充盈着满满的幸福感。”

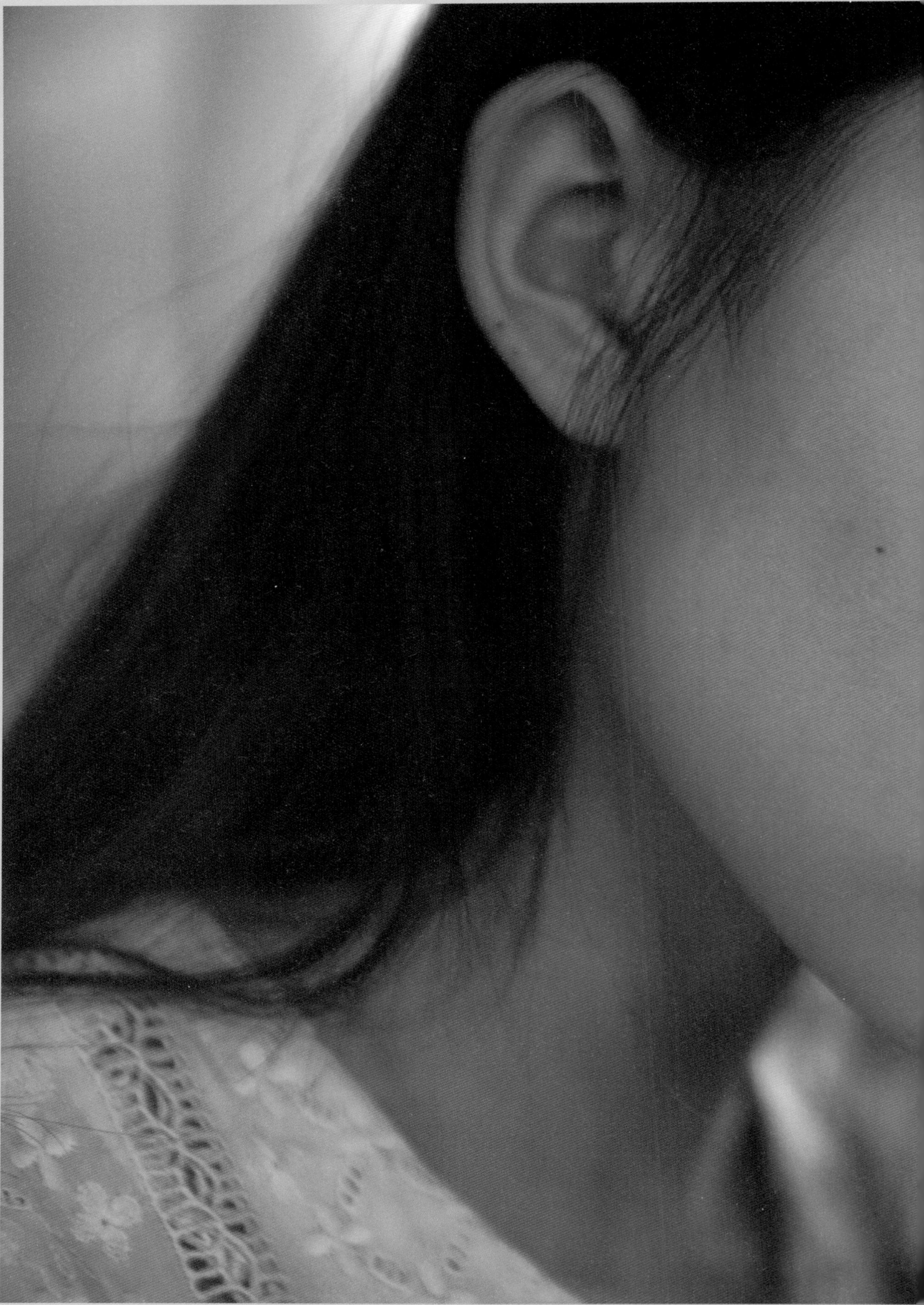

森女画事

文/纸月　摄影/杨昶

遇见另一个自己

"亲爱的，这里没有别人，只有自己。"

——张德芬

1

爱美食的人，也一定是爱生活的人。我觉得制作、享受美食的过程，也是发现自我的一个过程。

9

我喜欢美食。来到这里几年了，在这个快节奏的城市，我找到了一个慢下来的地方。那是一个小食堂，被布置得温馨而怀旧。暖暖的灯光，点亮着角落里那些容易被忽略的故事。

3

窗台上摆放着各色各样的小花盆，种有清新的植物。坐在这里的人，一抬头，就能看到明亮的外面世界。

4 这天，食堂里人很少，我点了一份蔬菜沙拉，

静静地享受着独处的时光。

5

此时的店里，安静得仿若只剩下我一个人。

6

突然， 我发现大厅里坐着另一个人，她穿着长长的连衣

裙，在品尝着和我一样的菜品。

7

她时不时地开怀大笑，那笑容看起来青春洋溢，

如同我刚来到这座城市时的模样。

8

或许，我们曾相遇在某个下午，一起坐

在窗前，又一起品酌着食物。

10 可我好像并不认识她。

我问，你是谁?

她说，亲爱的，这里没有别人，只有自己。

9 我们亲密得像两个姐妹，游历着琐碎而熹微的时光。

住在童话中的「花房姑娘」

文／蔡蛋挞

摄影／蛔蛔

北平咖啡天台的温室花房

“有人问我，心目中的女神花是什花？我说是我自己。如果我自己都开心，我身边的万物都没有办法开心只有我自己开心，我的花才能开得亮。”睫毛穿着草绿色的碎花长裙腰身系着一款清素的棉麻围裙。她缓又慵懒的语气间，流露着邻家女的清透感。那俏皮又乌黑的卷发之下放着她灿美的笑容，这笑容来自于自然。你仿佛被她带进了一片静谧丛林，幽径深处，是睫毛自己的童世界，那里种满了鲜花。

● 睫毛把每一棵植物比作精灵。她说：“如果你爱它，你的每一个器官、每一个细胞也会爱着它。你甚至相信它们的生命，也是有灵性的。所以，我常常会摸摸它们，对它们说，你们要是开得再漂亮一些，我会更爱你们。”

就像“每个女孩都想拥有一家小店一样，睫毛姑娘是幸运的。她的平咖啡店开在了京城小有名气的同——南锣鼓巷。或许是内心对古京城的向往，她把这家店取名“北平她说，我喜欢北平时代的北京。“北平时代，男人穿着长袍走在皇城

下，映着红色的砖墙和灰色的瓦片。那种时代感，让我觉得非常美。听老奶奶说，那时候，家家户户开着门都很安全，这和我生活的那片草原很相似，不存在锁门不锁门的说法，因为没有门。所以，‘北平’会让我想起自己的家乡。”

睫毛的家位于青海广袤的草原之上。睫毛说，由于草原的春天来得很晚，每当草开始发芽时，我们就会光着脚踩在上面奔跑。奔跑累了，我们就躺在那里，随手抓起一根蒲公英，吹散它。草原不羁的自由，让睫毛的世界里充满了颜色。她便将这些颜色置放在自己的生活中。她说：“草原的生活在北京是没有办法实现的。这让我觉得城市里的人很可怜。他们跟大自然接触的时间很少，也很浮躁。所以，我就想把‘草原’搬到北京来，在自己的店里摆满花、草、植物，让更多的人可以享受这样的环境。”

在很多人眼里，睫毛的店被布置得像

一间恬美的花房：门前摆放着蔷薇和绣球花；大厅的桌面上放着龙胆、芍药和马蹄莲；露台上种着牵牛花、月季和海棠……细细打量下来，大大小小的植物接近上百种。当舒缓的爵士乐和BOSONOVA流放在花的气息中，人们便从喧嚣中抽离出来。这是睫毛期望看到的。她说，让别人快乐远比让自己快乐更快乐。所以，睫毛不是个地道的生意人，她认为赚钱并不是她的全部。但是，她却喜欢把一件事情做到极致。“要么做好，要么不做。即使咖啡店在淡季会遇到不盈利的情况，我的鲜花也不会减半。因为，达不到我内心的标准，我自己就会很难过。”睫毛说，去年财务的鲜花报表大概是25万多，这对于任何一家咖啡馆来说，代价太大了。“我没有算过咖啡馆要挣多少钱才不亏损，我不会去操那份心，而且我也弄不懂。我的主要任务就是把店里弄得美美的。只要我的环境美了，我的咖啡好、食

连衣裙加系带布鞋是睫毛的独特着装风格

睫毛拥有一千多条裙子，是令所有女孩疯狂的数字

材好、品质把关，并且用心对待，应该会赢得一部分人的喜欢。”

这就是睫毛，她生活在极致的心境中，却未曾觉得疲惫。清早五点，睫毛便会穿着她的花裙子，去花市挑选最新鲜的花朵。回来之后，她会花费大量时间替它们剪根、去叶。她把每一棵植物都比作精灵。睫毛说，“如果你爱它，你的每一个器官、每一个细胞也会爱着它。你甚至相信它们的生命，也是有灵性的。所以，我常常会摸摸它们，对它们说，你们要是再开漂亮一些，我会更爱你们。”

就这样，睫毛每天都与花朵为伴。时间久了，她对花的感知也变得越发强烈起来。“记得有一次，我去花市，没看到花，就闻到芍药甜甜的味道。当我走进去时，看到一大片的芍药花，我觉得那就像一种心灵的召唤。我的嗅觉也开始帮我来熟悉花的种类啦。”在睫毛的形容中，每一种花的气味和感觉都是不同的。她说，樱花是甜的，但那份甜意中，有一种冰冷，如同拒绝，让人的内心会产生丝丝凉意；而桃花的甜度跟芍药湿漉漉的清凉感略不一样，会蕴涵着暖的情绪；海棠则

是热情的，它看起来亲和又大方，像会拥抱你似的。“而薰衣草的味是我的心头爱，它会让我的内心安下来。我的眼前便会浮现出一个画夕阳西下，天边挂着淡紫色的火烧我就安静地坐在那其中。”在睫毛来，对花与植物喜爱的本能，就如她身上的花布裙子。她俏皮地说，

上千条花裙子。如果非要把它们接
来，可以绕地球好多圈。如果这个
界没有了花，也会有我的花裙子吧。
样，这个世界就不会有沙漠了。

在的睫毛，时常为了花朵而远行。
国外有花艺展览时，我都会去看看。
给我的生活又增添了新的向往和层
次。”记得在日本旅行时，她看到了那种经营上百年的老店。她希望自己也可以做一间这样的店，把挣来的钱分给员工，让他们买车，买房子，照顾他们的家。而她只要种花就好了，只要种花就够了。

这就是睫毛，她看起来不太像一个女老板，更像是一个住在童话世界里的小女孩。这个小女孩的脸上，一直挂着浓浓的快乐。这快乐来自于鱼肚白的天空；来自于她故乡的草原；来自于她深爱的花朵，也来自于她那颗纯美又珍贵的心灵。

附录：

北平咖啡的植物

手绘 / 王娇娇

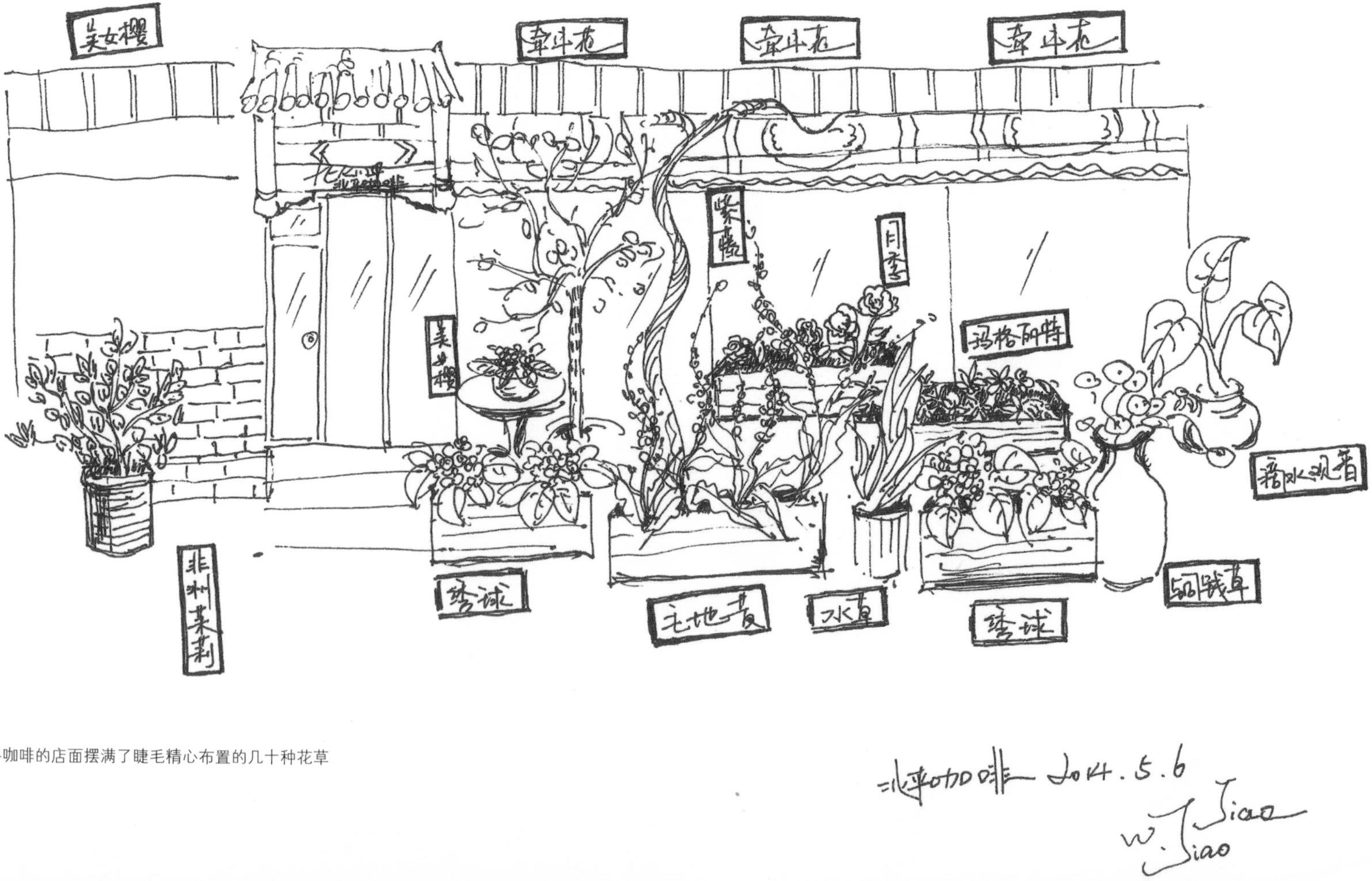

北平咖啡的店面摆满了睫毛精心布置的几十种花草

北平咖啡的玄关

北平咖啡的大厅局部

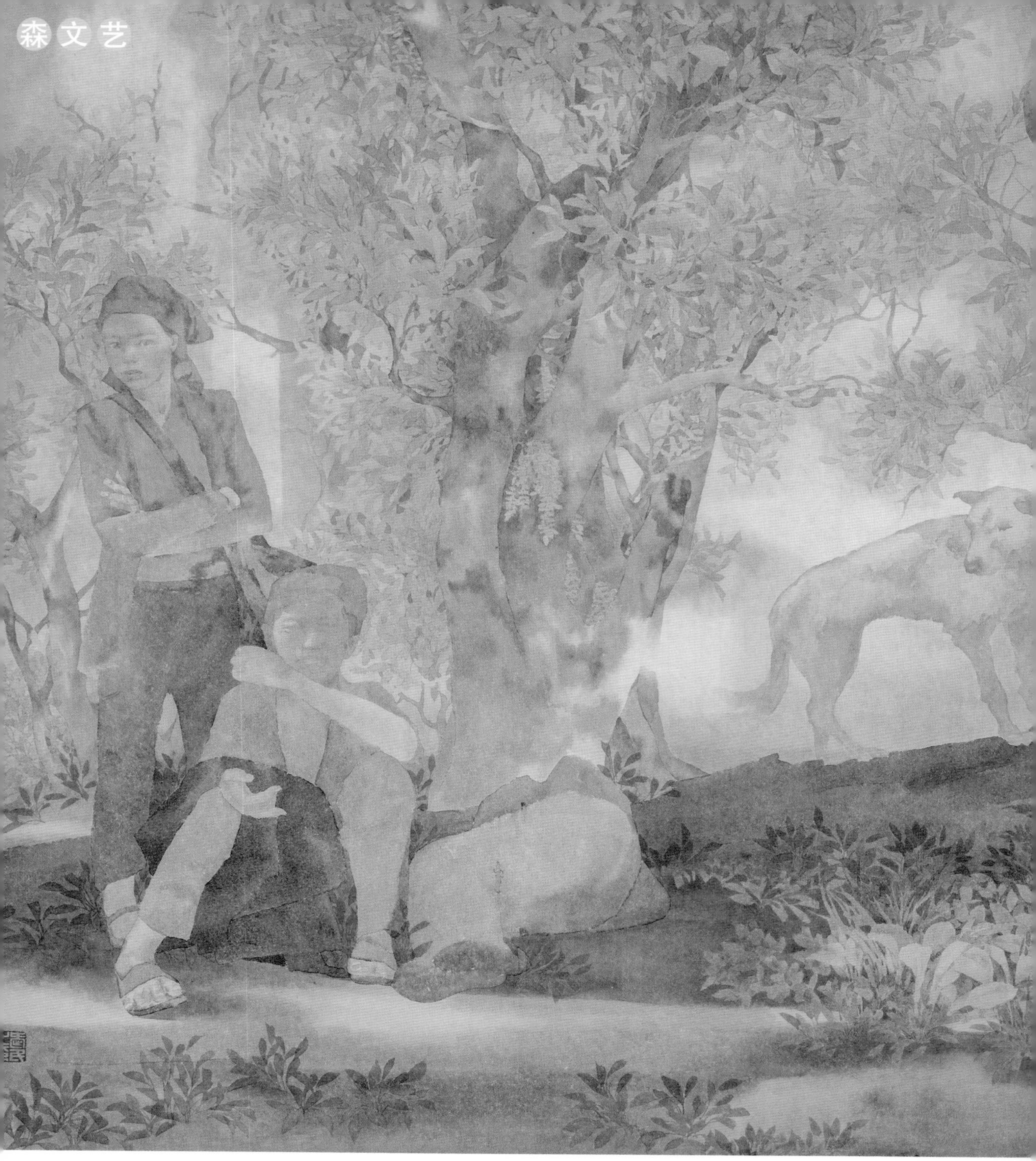

森艺术：

走在森林中的画者

文／蔡蛋挞

『森林接纳着人所有的姿态，也深沉地感化着人所有的行为。当人们流连在婆娑的树影之间，便会在内心生发出更温润的美感。』

付爱民，1972 年生，锡伯族、博士、中央民族大学美术学院副教授、摄影系主任、硕士研究生导师、《中国民族美术》编辑部主任、2011 年度教育部新世纪优秀人才支持计划入选者、中国美协线描艺术研究会副秘书长。

午后的阳光衬托着画板上清秀的笔迹，在繁茂的森林中，傣女们温婉的身影映入眼帘。她们曼妙的身姿与若隐若现的枝叶融释一体。画家付爱民笔下的少女，正恬淡地依偎在森林中沐浴。付爱民说，是滇西南的森林在滋养着我的画笔。

付爱民与那片森林的缘分源于他的云南爱人杨丽卿。“我笔下所有少女的形象，其实都是她。”付爱民看着画板，嘴角扬起了笑意。1993 年春节，付爱民第一次走进云南，汽车颠簸了三天两夜，他来到了澜沧县的上允傣族小镇。“那里的景色和我想象的完全不同。没有云南题材作品中常见的美景与美人。当我在村寨中举起相机时，村民们都愣愣地望着镜头，一动不动。”那些环抱森林而居的人们，是付爱民对云南的第一印象。“那里的人没有见过外来的事物，粮食够吃，生活充裕，村民身上都会流露着朴拙与善良。而他们的善良正是森林赐予的，是对生活没有其他复杂的追求。”

于是，付爱民将自己置身于滇西南的森林中，偶尔拿起画笔，偶尔拿起相机，像个俏皮又浪漫的探访者。1999 年，他随从导师走进云南的植物园。当时，付爱民每天都拿着小马扎坐在植物园中写生。“花，在我们的眼里都是美丽的姑娘。看花时，我发现每一瓣花尖的姿态都有所不同，好似梅兰芳演《虞姬》

1994 年 7 月在甘肃省兰州市的黄河岸边，陆馗

时手的动作，非常有趣。”他亲昵地窥探着植物身上的每一处细节，也从中捕捉到了意外的惊喜。“我发现龟背竹的柱状果实上铺满着上百个小坑。仔细打量，每一个小坑都像是不同表情的人脸在歌唱。一个柱状的果实也就比大拇指还小一些，我把果实上每一个小坑的异同都画在了纸张上，看起来就好像一群人在合唱似的。”付爱民笑了，他的脸上漾起了些许的兴奋，也渗透出一份深思：“当初画人时，我发现自己离人的距离太近，容易把自己的体验和七情六欲融杂在一起，看人就会看得太实。而遇到植物后，通过植物去想象到的人，便纯粹了很多。”付爱民说，艺术正是要把人从物欲中抽离出来，去完全享受一种超凡脱俗的精神。

美好的感知让付爱民先后 22 次走进云南的偏远村寨，记录着滇西南古老的茶山、丰沛的植被与茂密的雨林。他说，一件事情能坚持那么久，一定是有源源不断的惊喜。而有一种“惊喜”是出乎意料的。“我们曾经去过真正的原始森林。那是一片老林，通常坐落在云南村寨后身较高的地势。寨子里的人称它为竜林。这片林子不能砍伐，也不能破坏，还会安葬着村寨中逝世的祖辈。”付爱民走入竜林时，10 层楼高的参天大树比比皆是，茂密的枝叶遮蔽着阳光，仿佛自己误入了深邃的黑夜。“我们当时特别恐惧，你根本看不到同行者的身影，眼前是黑的，你只能辨别到周遭的一些响声。当那种恐惧感扑面而来时，你恨不得手里握着一把砍刀。”

付爱民画里的妻子和自己

然而，恐惧与艰苦的行走并未干扰着付爱民心水里的那片森林。画作中，森林的每一处角落都柔和地应允着人的需求。枝叶与溪流衬托着少女们的柔姿，淡雅别致的配色不张扬，不浓烈。每一片芭蕉叶都在挽留着姑娘舒畅的容颜，仿若付爱民彼时的心境：森林接纳着人所有的姿态，也深沉地感化着人所有的行为。当人们流连在婆娑的树影之间，便会在内心生发出更温润的美感。

在付爱民心中，滇西南的原始雨林已然如同自己的“故乡”，心绪上也会对“故乡”生出几分忧愁。付爱民说：“茂密的森林一直受到人类生态足迹的威胁。当我们对一种资源极度渴求时，我们是否想过，大量的开发将带来什么样的‘恶果’。当‘恶果’生成时，所谓自然环境的保护是否也是自私和贪婪的。其实，那也只是在保护人类自己的生存，你懂吗？”付爱民收起了温吞的笑意，他继续解释说，而傣族人千百年来对森林的保护是自觉的。傣族历史传说中的《允门遗嘱》记载道，头人去世时，没有给他们留下什么东西，却教会了这个民族一种智慧：没有森林就没有水源；没

有水源就没有农田；没有农田就没有生命。因此，傣族人只选用薪炭林来维持自己日常生活所需的柴薪来源，不任意砍伐山林，把那片苍郁而神秘的古老森林都延续给了未来。

付爱民站了起来，他伴着思绪走到画板前，用笔尖轻点着颜料，在一片树叶上留下了淡淡的纹理。他说，我嘛，就像是家中摆放的那盆龟背竹，乍一看是粗犷的大叶片，细细打量，还能捕捉到纹理的变化。于是，他握起了笔，凝视着画纸上秀嫩的枝叶，仿若走进了自己的森林中，召唤着记忆深处的绿色，复返纯朴，心性淡然。

森设计

火羽白的魔术——老瓷片的重生

文／蔡蛋挞　摄影／杨祀

●老瓷片总会使人浮想联翩……想当年，这残片曾为谁做？又为何物？曾在上书房伴皇子读书，曾在豪门厅堂迎来送往又或是隐于小家碧玉的香闺？威风凛凛，富丽堂皇，一身书卷抑或清秀素雅？却不知被哪个失了手，落得个粉身碎骨气，引得主人唏嘘……星移斗转，不知哪日被谁挖将出来。美丽的身影传了一手又一手……

『清晨，我在某个城市从小摊上一眼看到了她，握在手心再不愿放下……充满幸福地包裹回家，沐浴后更见芳华。年复一年，小盒子已经拥挤不堪，随即打造有好多抽屉的斗柜，给宝贝们搬家。有人视它为废物，我倒最欣赏这有故事的残缺美，拿出画笔为它续写重生，享受你中有他、有我的接力。』

这样，火羽白已经走了将近20年。

设计师 火羽白

你何时开始收藏瓷片的？它为何
|了你?
我们这代人小时候没有奢侈的玩
却特别会玩儿。我们钟爱积攒小
、小卡片、花糖纸、花手绢什么的。
和它们一样都蕴含了我们对美好
往。

九岁时，我和朋友就开始逛潘家
场。各种各样奇妙美丽的老物件
着年轻人，我也是其中的一个。
，学习瓷器的断代。最初的瓷片
都是学习所用的标本，不少是老
送的。我被瓷片里面的小画片儿
了。这些小瓷片记录着不同年代
活片断、生存环境和审美情趣，看进去不觉有种穿越的感觉。

去年“六一”，我曾在朋友圈做了“古时候小孩子玩什么”的图片展示，不同年代的瓷片上，孩童们在舞狮、放风筝、敲锣打鼓、骑竹马、转捻捻转、下棋、跳舞……快乐至极。

Q: 你又是怎样开始瓷片首饰创作的?
A: 多年前的一回，在市场看到有人把（残碎的）老瓷片打磨成方形或椭圆，包银做成吊坠。自己也买了一件佩戴。后来想想，老瓷一片有一片的精彩，统统非圆即方、呆板无趣实在有些耽误。若我来做，定要做得更有意思些。既然碎成大大小小不同的形状，何不依残破线条就势设计呢？随后，我就慢慢开始尝试了。

Q：设计时，有没有设定或想象佩戴它的对象?
A：我希望佩戴它的人同样是对传统文明存敬畏之心的人。即便是只言片语，也能感同身受。化缘，想用这个词，毕竟哪个艺术家不是在用作品寻找同类呢?

Q：创作时你通常是什么状态?
A：特别受不了正襟危坐的工作状态，我喜欢自在、随意一些。让房间里弥散着音乐，穿一身宽大舒服的衣裤随意游走各处。这边画着祖母绿项坠，卡住了、乏了就换到沙发上就着话梅翻几页书。若是忽然有点想法，就再去勾上几笔，为一款瓷片完成一两稿。每个动作都是上一个动作的休息，不给自己压力便常有“点子”冒出来。

Q：你的灵感来自哪里?

A：一个人的美感既是天然形成又是从积累而来。小到儿时记忆里的花糖纸，大到长大后的背包游历……要我说，无启不发，作品不过是美作用于艺术家们的结果。

Q：为何你的作品不多？这些年，市场上瓷片首饰有泛滥之势，你又怎么看?

A：首先，我不是只做老瓷片的设计，做的“随形设计”又比较耗时费力。老瓷片破碎的轮廓常有文章本天成的意外之美，局部破碎的线条与瓷片图案遥相呼应。我不愿使之再次破碎，总是稍加打磨，再顺势延伸线条完成设计。

其次，就是老片得来不易，我不想草率为之。在没有赋予它新的生命力之前，我宁愿把它搁置在一旁，有些甚至几年……我会否定过去的结构、工艺，重新鼓弄、翻工。这些，都源于对瓷片的审美，那是一种螺旋上升的体验过程。你在不同时期，总会有新的理解。但无论如何，都不要破坏它的品味。想来，一片宋瓷穿越几百上千年流传至今，非绝美不能啊！所以，只有以理解为基石的续写设计才能得当。

最后，我认为艺术创作是主观的。从某种意义上讲，也可以说每件作品都是为自己做的。所以，自然期望能做到“满意”为止。

可这些年，市场上瓷片首饰有些泛滥。我看到很多人选用粗劣的老片，或用新片仿老甚至磨边打孔直接佩戴。我想，这些产品只是从销售的角度出发，买的卖的不过是人云亦云，并不得老瓷片首饰的意义所在。老瓷片绝不是简单的装饰品，其中负载的文化艺术价值不该被这样埋没甚至误传。也希望同业能一起努力，不但为“成交”，还能予人玫瑰手留余香……让老瓷片的收藏和设计循序渐进，精彩方能不断。

Q：你已经和瓷片“玩”了20年
期间有觉得乏味过吗？

A：从没有。瓷片的收藏和设计于
而言是“乐儿”。其间，我体验
与前辈和历史的融合。它就像大
具一样伴我保存童心，而我也乐此
疲，沉浸其中。

曾耳闻有人谈论我时说："做这些
东西，她根本就不是什么牛的设
师！"哈哈，说实话耳中立即响起
样一个声音"不想牛的设计师不是
设计师"，在今天这样喧嚣的世
大概这是一种非常典型的声音吧
但我想，不必为了他人嘴中的牛失
自己心里的初衷。

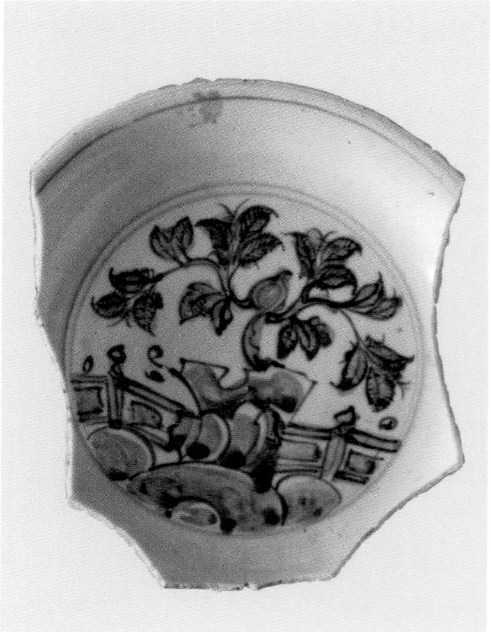

瓷片中体会古人的庭院野趣

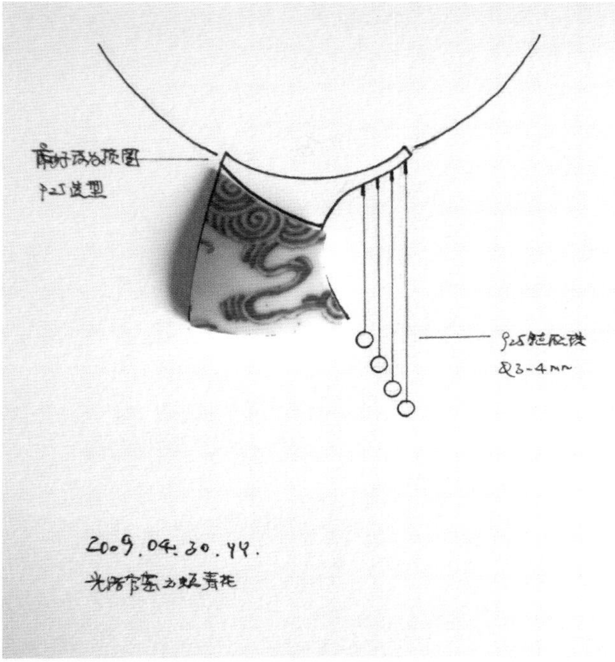

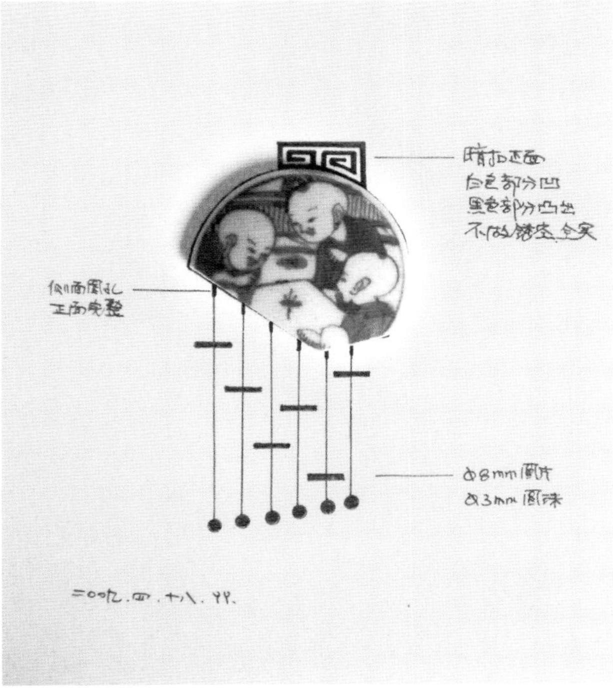

火羽白

典型70后北京大妞，收藏玩家，美国宝石学院(Gemological Institute of America，简称GIA) 研究宝石学家(G.G)、专业珠宝家(A.J.P)、珠宝首饰设计师。出生在大家庭的她从小被姥姥带大，大家闺秀的姥姥是民国盐商之女，风范与审美自不用说。受姥姥影响，火羽白的设计里无处不流动着大气与风趣，并带有绝不沉重的人文思考。古瓷片的收藏和再设计是她的创作爱好之一。她常说：『设计就是玩，没那么多上纲上线的东西。只有不为什么而设计时，才能出意料之外的好玩意。』

翁基见闻录

文／只止　摄影／李红强

如高更画作里棕色壮美的女人，赤脚行走在高大的植物下面。眼前的这些女子着装浓丽，强烈的日光把她们和寨子里的其他事物分成了色块，混在一起，分不清是她们在行走，还是其他事物在晃动。这就是布朗族翁基古寨带给我的第一印象。

翁基古寨位于云南省普洱市澜沧拉祜族自治县惠民镇芒景村，处于海拔1300–1500米之间的多雨多雾山区，属于亚热带山地季风气候。寨子不大，百余户人家以茶叶经济为生，家家户户基本都有一棵祖先遗留下的古茶树。

寨子北高南低，沿着寨口向下走，便有一个土台，上有五棵『神木』柱组成的寨心，被称为『寨神』居住的地方，本地人叫它『底瓦那雍』。『瓦那』为神灵，而『雍』是寨子的意思。

房屋的建造都使用整齐的小瓦片，它们倾斜地摞在一起。不知道的人会担心它随时要滑落下来，这个就是布朗族特有的建筑元素『挂瓦』。挂瓦，方方的，瓦的一头有弯过来的半圆形挂钩，上面还有一个洞眼可以钉钉子。通过这个挂钩，它们被一排排挂在屋架的瓦条之上，重叠的布局，流露着一种整齐之美。人们只有进到房屋内，才能发现这其中的『奥秘』。

于是，我们开始探访这座古老的村寨，遇见那熹微而琐碎的时光。却在不经意间发现，这安适而平淡的生活之中，存放着更多的『动人之处』。

寨心的土台和静默的屋顶

几乎每家都有这样的炒茶的土锅子

新盖的木质房子的基柱

强烈阳光下安静的葫芦

屋檐生长的野生石斛和小男孩的衣服

北京也会有的“地雷花”

翁基寨子里一户普通人家的室内一角，这里同时是客厅卧室和厨房。布朗民居室内通常只有一个小天窗，虽然外面光线刺眼，但屋子里面通常很暗。

寨子里很多狗儿，这是唯一见过的一只猫。

一户条件稍好的家庭用透明的材料改造房顶，这改善了传统木屋内光线昏暗的情况。

叼烟斗的棕色女人们

每天下午5点左右，女人们陆续农忙回寨。她们会坐在寨心的土台上一边聊天，一边叼着烟斗。烟斗里冒出的阵阵轻雾在夕阳的映衬下如梦似幻，她们身上浓重的色彩，美得格外刺眼。

拥有少女般气质的阿姨

村子里，一家男主人在家门口的大桌子上，请我们喝普洱，吃芭蕉。这时走过一位阿姨，头上裹着黑色带有装饰的包头，身穿蓝色小褂和酒红长裙，腰间的小包随走动轻摇，修长消瘦的身影一晃而过。我们不禁感叹，“真美，真美。”连忙让男主人帮着询问，可不可以拍照。阿姨害羞地跑回了家。

当我们找到她时，发现阿姨已换上了好看的衣服。她热情地拉着我们走进屋子，拿出一个装着蜂巢的大盆子，请我们品尝。我捡了一块放进嘴里，口感蜜甜。

眼前的阿姨，姿态安静端庄，微笑时，眼睛和嘴唇流露着少女般的羞涩，让我觉得这样的神态，素然而纯美。

『我们布朗族不好看！』

听两位布朗族阿姨说："我们布朗族不好看！"在我看来，她们像是只关注色彩趣味的艺术家。尤其在服饰的制作上，只要是不重要的部分，就草草缝去几针。不难发现，她们衣服上的扣眼锁很粗糙。也似乎只有遇到色彩时，她们才会变得很认真。

一百岁的『长指甲』老爷爷

有位一百岁的老爷爷，每天都坐在露台上晒太阳。他的姿势很威风，时常将双腿或单腿抬起来，踩在椅子上。仔细打量，脚指甲长得打着卷。我想，因为不穿鞋，他的指甲怎么长都可以吧。

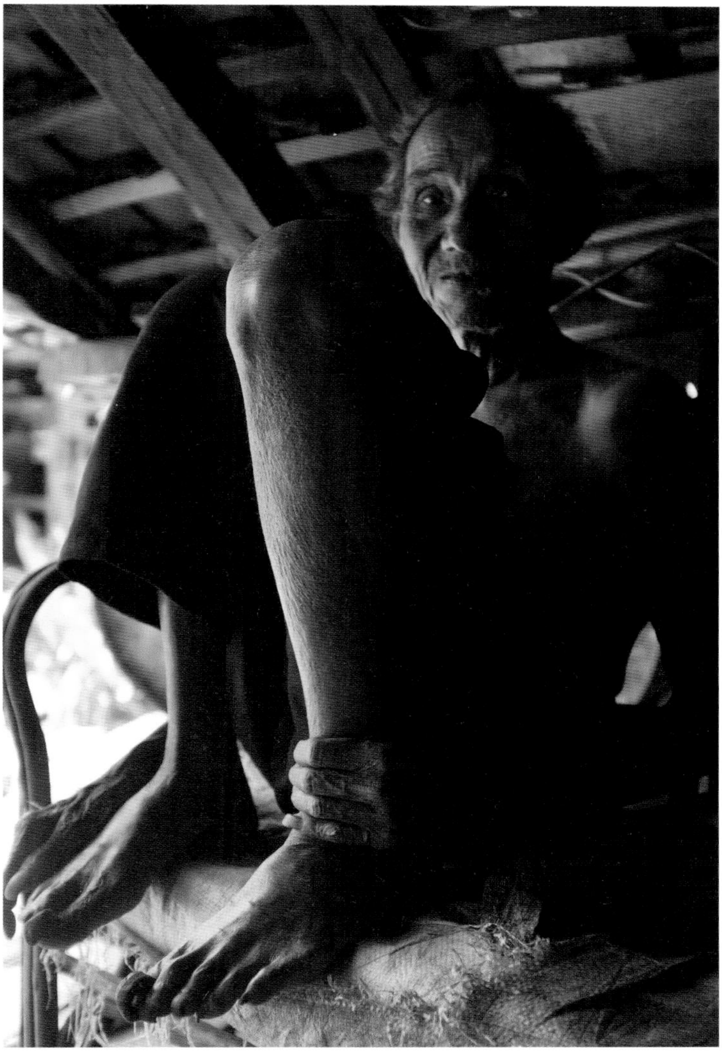

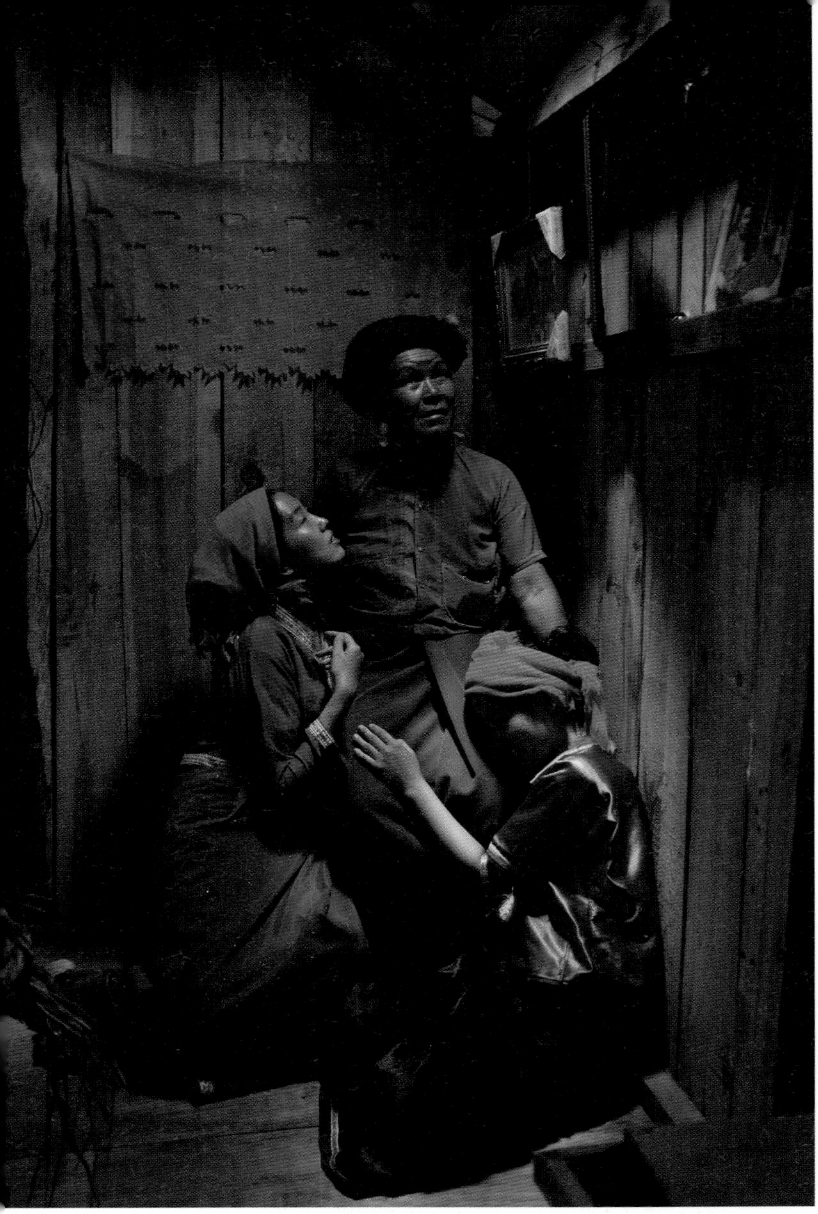

遇见『可爱奶奶』

一位奶奶坐在家门口拣茶叶。我们路过时，她热情地请我们进家坐坐。语言不通，却一直和我们聊着天。当我们夸她穿着漂亮时，她立刻拿出自己的衣服，让我们拍照、留念。来来回回之间，老奶奶还会认真地尝试各种搭配，以此达到自己满意。

就这样，奶奶和我们一起“搞创作”，那心里的默契，好似已生活多年的家人。

白天时，寨子里只有老人与孩子。走在路上，一天也不会有两个人经过。整个寨子仿佛慢镜头一样缓慢，我们也只能与地上的花草和慵懒的狗儿相伴。村子里的狗，白天睡在路的中央。有摩托车驶过时，它也一动不动，那种淡定与悠闲看得我们心生嫉妒。直到人们农忙回来，狗儿才舍得睁大眼睛，撒起欢来，满村闲逛。

寨子的安静

布朗族

布朗族是中国西南历史悠久的一个古老土著民族。现主要居住在云南施甸县木老元、摆榔两个乡。布朗族属南亚语系，孟高棉语族布朗语支，无文字，习汉文，有着极为丰富的口头文化，至今仍然保留着最具鲜明特征的民族语言、服饰、歌舞及风俗习性。

布朗族穿着简朴，其服饰各地大同小异。男子穿对襟无领短衣和黑色宽大长裤，用黑布或白布包头。妇女的服饰与傣族相似，上着紧身无领短衣，下穿红、绿纹或黑色筒裙，头绾发髻并缠大包头。景东布朗族妇女的着装已与当地汉族基本相同。

过去，布朗族男子有纹身的习俗，四肢、胸、腹皆刺染各种花纹。妇女喜欢戴大耳环、银手镯等装饰。姑娘爱戴野花或自编的彩花，将双颊染红。无论男女都喜欢饮酒、染齿、吸烟。

仙人掌快和房子一样高了
刺梅和扶桑
小木槿开的可真繁盛

翁基植物志

文/手绘/王娇娇

●在翁基村寨中，随处都是青石拼接而成的小路。不知名的小草藏在石缝之间。植物簇拥在每家每户的门前，兰花依偎在屋顶之上，甘蔗生长得像一堆杂草。还有房后的大芭蕉随风飘动，成为夏天最好的蒲扇。平日里，村民与植物朝夕相处，日子过得宁静又简单。

● 三角梅，为常绿攀援状灌木，别名九重葛、三叶梅、毛宝巾、叶子梅，纸花、南美紫茉莉等。性喜温暖湿润气候与充足光照，不耐寒。平日里，它盛开得招摇又热闹。布朗姑娘经过时，看着它，也会笑得像朵花。

● 芭蕉，芭蕉科，芭蕉属，常绿大型多年生草木。茎高达3～4米，不分枝，丛生，叶大，长可达3米，宽约40厘米，入夏，叶丛中抽出淡黄色的大型花。『扶疏似树，质则非木，高舒垂荫』，是前人对芭蕉形、质、姿的形象描绘。

● 木瓜的别名：榠楂、木李。是木瓜树结出的果实，可食用，也可药用。初遇它时，夕阳洒在了树上，叶影间泛着金色的光。仔细打量，树上结满了果实，原来是木瓜。真想待到成熟时，亲手摘下它。

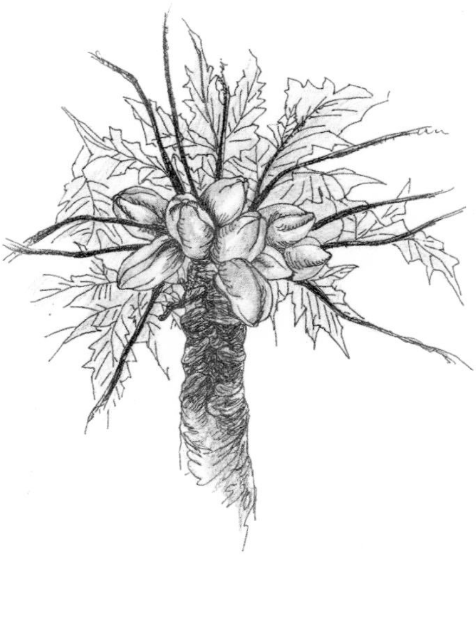

● 桑叶牡丹即扶桑，又名佛槿、朱槿，为常绿灌木，花朵大，花色多，花虽朝开夕落，但绵延不绝，花期长，夏秋花开最盛。初闻其名，好似流露着淡淡的忧伤。可遇见它时，姿态暧昧，色彩浓郁。傍晚时分，它会娇羞地收起如裙的花摆，好似与落日道一句『晚安』。

● 鸡蛋花，别名缅栀子、蛋黄花、印度素馨、大季花，夹竹桃科，属落叶灌木或小乔木。它在中国西双版纳以及东南亚一些国家，被佛教寺院定为『五树六花』之一而被广泛栽植，故又名『庙树』或『塔树』。树姿婆娑匀称，花朵色彩清新。摘一朵做成别致的『胸针』，只为留住花蕊上那抹淡淡的清香。

● 花蜘蛛兰，茎粗壮，坚硬，革质，长圆形，花序长达32厘米，不分枝，总状花序具少数花，花大，质地较厚，伸展呈蜘蛛状，花瓣近匙形，蒴果椭圆状圆柱形，花期10月，果期11-12月，生于海拔500-1000米的山谷崖石上或疏林中的树干上。其姿态舒展张扬，好似花蕊热烈的舞步，正迎接着酷热的『初夏』。

● 太阳花，大花马齿苋，又称松针牡丹、松叶牡丹等。它喜欢温暖、阳光充足而干燥的环境，见阳光花开，早、晚、阴天闭合，故有太阳花、午时花之名。原产南美巴西，我国各地均有栽培，颜色多样，有淡香味。它生性顽强，折一枝放进土壤中，不久后，便会如期盛放。

● 地涌金莲，原产云南，为中国特产花卉。其形如莲花，字里行间渗透着丝丝禅意，好似受到仙界高人的点拨，才落入凡间，因此，它被佛教寺院定为『五树六花』之一，也是傣族文学作品中善良的化身和惩恶的象征。

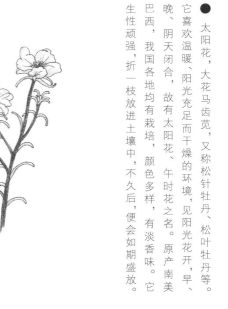

西双版纳热带雨林　2014年5月　摄影　李红强

多肉植物：王玉珠帘

建议上架：文化／生活／旅游

ISBN 978-7-5039-5819-9

定价 32.00 元